www.ingramcontent.com/pod-product-compliance
Lightning Source LLC
Chambersburg PA
CBHW062323220526
45469CB00008B/2601
* 9 7 8 1 7 2 6 3 1 2 8 1 3 *